Nolis Bracho Moran
José Labrador Ramírez
José Ramón Vielma Guevara

Biocombustibles en Venezuela

Nolis Bracho Moran
José Labrador Ramírez
José Ramón Vielma Guevara

Biocombustibles en Venezuela

Una cierta mirada al rendimiento de la producción de etanol en cultivares de caña de azúcar (Saccharum spp. híbrido)

Editorial Académica Española

Imprint
Any brand names and product names mentioned in this book are subject to trademark, brand or patent protection and are trademarks or registered trademarks of their respective holders. The use of brand names, product names, common names, trade names, product descriptions etc. even without a particular marking in this work is in no way to be construed to mean that such names may be regarded as unrestricted in respect of trademark and brand protection legislation and could thus be used by anyone.

Cover image: www.ingimage.com

Publisher:
Editorial Académica Española
is a trademark of
Dodo Books Indian Ocean Ltd. and OmniScriptum S.R.L publishing group

120 High Road, East Finchley, London, N2 9ED, United Kingdom
Str. Armeneasca 28/1, office 1, Chisinau MD-2012, Republic of Moldova, Europe
Printed at: see last page
ISBN: 978-613-9-43266-0

BIOCOMBUSTIBLES EN VENEZUELA. UNA CIERTA MIRADA AL RENDIMIENTO DE LA PRODUCCIÓN DE ETANOL EN CULTIVARES DE CAÑA DE AZÚCAR (*Saccharum* spp. híbrido) EN LA ZONA SUR DEL LAGO DE MARACAIBO

Autores:

- **Nolis de Jesús Bracho Morán**. Ingeniero de Producción Agropecuaria por la Universidad Nacional Experimental Sur del Lago "Jesús María Semprum" UNESUR. *Magister Scientiae* en Agronomía, Mención Producción Vegetal por la Universidad Nacional Experimental del Táchira. Profesor Asistente en UNESUR, Santa Bárbara de Zulia, estado Zulia.
- **José Rafael Labrador Ramírez.** Ingeniero y *Magister Scientiae* en Agronomía. Profesor titular en la Universidad Nacional Experimental Sur del Lago "Jesús María Semprum" UNESUR, Santa Bárbara de Zulia, estado Zulia.
- **José Ramón Vielma Guevara.** Licenciado en Bioanálisis, *Magister Scientiae* en Biología Celular en la Universidad de Los Andes, Mérida. Componente Docente y Docencia Universitaria por la Universidad del Zulia, Maracaibo. Profesor Instructor en la Universidad Politécnica Territorial "José Félix Ribas", Barinas, estado Barinas, Venezuela.

Índice general **Pág.**

Índice de tablas **Pág.**

Índice de figuras **Pág.**

Prólogo

Venezuela es un país exportador de petróleo y miembro de la Organización de Países Exportadores de Petróleo (OPEP) desde su creación en 1960 en la ciudad de Bagdad en Irak, posee su sede principal en Viena, la capital de Austria. Tradicionalmente hemos sido un país monoproductor de este recurso mineral, y tenemos la mayor cantidad de reservas probadas de crudo en el mundo.

Sin embargo, esta enorme riqueza de nuestros subsuelos contrata históricamente con la gran desigualdad en la distribución de riquezas entre la población, donde el hacinamiento, miseria, hambre, falta de empleo golpea fuertemente a una gran franja de nuestra población, haciéndonos muy vulnerables en temas de sanidad y nutrición en población femenina y sobre todo en niños de corta edad. A lo anterior sumamos que son generalmente las mujeres las "cabezas" de familia, no pudiendo acceder a la educación formal, técnica, ni teniendo acceso a empleos con buena remuneración.

Somos considerados un país en vías de desarrollo, por lo que estamos en esta etapa histórica en la necesidad inmediata de diversificar nuestra producción de bienes, servicios, alimentos para garantizar equidad social. Es por ello que nuestra mayor empresa estatal Petróleos de Venezuela, se fijó hace un tiempo el desarrollo de biocombustibles y en la mira está el etanol (CH_3CH_2OH), mirando el ejemplo de nuestro país hermano Brasil le ha dado al mundo al ser el mayor exportador mundial de este rubro, partiendo de la caña de azúcar. Es por ello que dedicamos este libro a nuestra experiencia práctica con la producción de etanol a partir de cultivares de caña de azúcar en la región Sur del Lago de Maracaibo en Venezuela.

Compartimos con nuestros apreciados lectores, las páginas de este manuscrito para relatar nuestra experiencia en el campo de la investigación con este trabajo liderado por Nolis de Jesús Bracho Morán.

Resumen

Con el fin de evaluar el rendimiento de caña de azúcar (*Saccharum* spp. híbrido) para la producción de etanol, se evaluaron once cultivares: V91-8, V98-86, V91-01, V99-271, C323-368, V98-120, V99-236, B80-408, V00-50, V99-190, CP74-2005 durante un ciclo de producción. El ensayo se llevó a cabo en el campo de la Universidad Nacional Experimental Sur del Lago "Jesús María Semprum" (UNESUR), en un diseño de bloques al azar, eligiéndose plantas del surco central de cada parcela experimental (45 m2/ trat). Los criterios evaluados fueron: producción en toneladas de caña por hectárea (TCH), toneladas de azúcar/ha (TAH), porcentaje de polisacáridos (% POL), litros de etanol por hectárea (LtEt/hA), eficiencia (LtEt/TC) y concentración del etanol producido. Los resultados indican diferencias no significativas entre los tratamientos por efecto de los cultivares para la variable TAH, y altamente significativas para eficiencia (LtEt/TC) ($p \geq 0,001$) y concentración de etanol ($p \geq 0,001$). Entre los cultivares sobresalientes en este estudio fueron: para TCH V-91-8, V98-120, V99-190, en un promedio de 73,04; para TAH, V91-8 (9,67), V98-120 (11,21) y V99-190 (9,66), para % POL, CP74-2005, V91-01, C32-368 con promedio 46.97% para concentración de etanol producido V-91-8, C323-68, CP74-2005 con un promedio de (46,97%), para (LtEt/hA) la V-98-120,V98-86 y CP74-2005 en promedio de 1.717, 29. En cuanto a eficiencia (LtEt/TC) los mejores cultivares resultaron C32-368 (27,9) V98-6 (55,48) y CP74-2005 (40,84). Para efecto de producción en cuanto a calidad y pureza del etanol en el municipio Colón se deben sembrar los cultivares V91-8, V99-236 y CP74-2005.

Palabras clave: *Saccharum* spp. híbrido; etanol; variedad; fermentación de azúcares, biocombustibles.

Evaluation of performance for ethanol production in eleven sugarcane cultivars (*Saccharum* spp. hybrid) during a production cycle

Abstract

To aim the performance of sugarcane (*Saccharum* spp. hybrid) for ethanol production, eleven cultivars: V91-8, V98-86, V91-01, V99-271, C323-368, V98-120, V99-236, B80-408, V00-50, V99-190, and CP74-2005, during a production cycle were evaluated. The trial was carried out in the field of the "Universidad Nacional Experimental Sur del Lago Jesús María Semprum" (UNESUR), in a random block design, choosing plants from the central furrow of each experimental plot (45m2/trat). The criteria evaluated were: production in tons of cane per hectare (TCH), tons of sugar/ha (TAH), percentage of polysaccharides (% POL), liters of ethanol per hectare (LtEt/hA), efficiency (LtEt/TC) and concentration of the ethanol produced. The results indicate non-significant differences between the treatments due to the effect of the cultivars for the variable TAH, and highly significant for efficiency (LtEt/TC) (pr>f=0.001) and ethanol concentration (pr>f=0.001). Among the outstanding cultivars in this trial were: for TCH V-91-8, V98-120, V99-190, with an average of 73.04; for TAH, V91-8 (9.67), V98-120 (11.21) and V99-190 (9.66), for % POL, CP74-2005, V91-01, C32-368 with average 46.97% for concentration of ethanol produced V-91-8, C323-68, CP74-2005 with an average of (46.97%), for (LtEt/ha) the V-98-120, V98-86 and CP74-2005 on average of 1,717.29. In terms of efficiency (LtEt/TC), the best cultivars were C32-368 (27.9), V98-6 (55.48) and CP74-2005 (40.84). For production purposes in terms of quality and purity of ethanol in the Colón municipality, the cultivars V91-8, V99-236 and CP74-2005 should be planted.

Keywords: *Saccharum* spp. hybrid; ethanol; variety; fermentation of sugars, biofuels.

Introducción

Actualmente el biocombustible más importante es el etanol, producto 100% renovable obtenido a partir de cultivos bioenergéticos y de la biomasa. El etanol carburante es utilizado para oxigenar la gasolina, permitiendo una mejor oxidación de los hidrocarburos y reduciendo las emisiones de monóxido de carbono, compuestos aromáticos y compuestos orgánicos volátiles a la atmósfera. El uso de alcohol etílico como combustible no genera una emisión neta de CO_2 sobre el ambiente debido a que el CO_2 producido en los motores durante la combustión y durante el proceso de obtención del etanol, es nuevamente fijado por la biomasa mediante el proceso de fotosíntesis (Ministerio de Agricultura y Cría (MAC), 1998; Bracho Morán y Labrador Ramírez, 2012).

Entre los cultivos bioenergéticos más usados para la producción de etanol, la caña de azúcar es la materia prima más utilizada en países tropicales. La caña de azúcar es un cultivo tradicional en Venezuela; su procesamiento a nivel de centrales azucareros data de los años 40, así como el inicio de la modernización e industrialización de este sector (Aguilar Rivera, 2007; Bracho Morán y Labrador Ramírez, 2012).

El proceso de obtención de etanol a partir de caña de azúcar comprende la extracción del jugo de caña (rico en azúcares) y su acondicionamiento para hacerlo más asimilable por las levaduras durante la fermentación (Alvarado y El Ayoubi, 2007).

Es prioritario optimizar la producción de azúcar a través de organizaciones de productores, específicas para las destilerías del sector azucarero con fines de etanol y así propiciar el desarrollo económico sustentable con visión de futuro en la expansión y crecimiento del sector agrícola e industrial en el Sur del Lago de Maracaibo (Alvarado y El Ayoubi, 2007; Bracho Morán y Labrador Ramírez, 2012).

Toda esta planificación incentiva a explorar nuevas áreas con potenciales para la siembra de la caña de azúcar como el municipio Colón del estado Zulia, introduciendo un programa de investigación por parte de la UNESUR, en convenio con otras instituciones de apoyo a la investigación como el INIA(Bracho Morán y Labrador Ramírez, 2012).

En este sentido, en la Hacienda La Glorieta campo experimental de la UNESUR, municipio Colón, estado Zulia, se estableció un ensayo con el propósito de evaluar 11 variedades de caña de azúcar (*Saccharum* spp. híbrido), en la producción de etanol, en un ciclo de producción, que pretende determinar el comportamiento agronómico y la eficiencia en la producción de azúcar y etanol de las variedades V91-8, V98-86, V91-01, V99-217, C32-368, V98-120, V99-236, B80-408, V00-50, V99-190, CP74-2005, a fin de evaluar las mejores variedades de caña de azúcar, en la producción en toneladas de caña por hectárea (TCH), rendimiento en toneladas de azúcar por hectárea (TAH), y principalmente eficiencia en la producción en litros de etanol por hectárea (LtEt/Ha) y litros de etanol por tonelada de caña (LtEt/TC), los resultados se analizaron con el paquete estadístico SPSS versión 2005 para Windows y la prueba de comparación de medias de Tukey (Bracho Morán y Labrador Ramírez, 2012).

Capítulo I. Necesidad del desarrollo de biocombustibles en Venezuela: un país petrolero que busca diversidad en sus exportaciones

El inminente peligro de enfrentar una crisis energética desencadenada a partir del incremento brusco en los precios internacionales del petróleo reviste en la actualidad una gran preocupación e incertidumbre por las consecuencias desastrosas que generaría en diversos países que no disponen de reservas naturales propias de combustibles fósiles (Castro Martínez *et al.*, 2012).

No resulta nada difícil predecir que el petróleo siendo un combustible fósil de amplio uso y por tanto potencialmente agotable, podría disminuir significativamente en el mediano o largo plazo sus reservas naturales, debido al notable y significativo incremento del consumo mundial (Castro Martínez *et al.*, 2012).

Esta situación debe por su importancia, trascendencia y actualidad, despertar el interés y la atención sometiendo a revisión y estudio los recursos disponibles y sus necesidades energéticas, procurando diagnosticar y principalmente evaluar la viabilidad real de aprovechamiento de las fuentes alternativas de energía renovables en el plano nacional (Labrador *et al.*, 2008).

Debido a esta problemática se debe buscar alternativas viables que minimicen el grado de contaminación que ha venido generando el uso de los derivados de los hidrocarburos, el sector agrícola vegetal representa una alternativa paralela para la obtención de nuevas fuentes energéticas sustentables que a futuro puedan sustituir a las fuentes tradicionales como el petróleo y sus derivados (Labrador *et al.*, 2008).

En diversos países como México, Argentina, Estados Unidos, Cuba, Colombia y Brasil, siendo este último el mayor productor y exportador de Etanol del mundo y es donde se está llevando a cabo un plan nacional llamado E-85 que consiste en utilizar combustible a vehículos automotores con una composición de 85% de Etanol y 15% de gasolina. En estos países se evalúa la transformación del jugo de la Caña de Azúcar en Etanol específicamente como complemento para mezclar con la gasolina sin descartarse la posibilidad que a futuro se elabore un producto de combustible 100% a base de etanol (Amaya *et al.*, 2003).

Uno de los principales beneficios del etanol es la fácil transformación de este producto químico a base de los derivados del cultivo de la Caña de Azúcar, siendo este uno de los rubros que abarca mayor extensión de superficie cultivada de tierra a nivel nacional de acuerdo a Castro Martínez *et al.*, (2012), sólo se debe considerar que se necesita abundante cantidad de biomasa para consolidar este proceso de transformación.

Se hace necesario establecer el cultivo de caña de azúcar con aumento proporcional en cantidad suficiente de biomasa considerando los costos solo con fines de transformación en combustible etanol, para evitar la desviación de la comercialización de materia prima con fines de azúcar a fines etílicos que puedan generar un problema entre los productores por la fluctuación de los precios a nivel de central azucarero o de destilación, contribuyendo con esto a la quiebra y colapso del sector azucarero (Amaya *et al.*, 2003).

La producción de etanol se plantea también como una fuente importante de ingresos económicos posibles de obtener por la tecnología con la que actualmente se cuenta, además es un combustible ecológico donde la combustión del producto favorece la difusión de escasos gases tóxicos a la Atmósfera que favorecería el impacto ambiental y menos deterioro al medio ambiente (Bracho Morán y Labrador Ramírez, 2012).

Objetivos de la investigación

Objetivo general:

Determinar el Rendimiento de Etanol en 11 variedades de Caña de Azúcar (*Saccharum* spp. híbrido) en un ciclo de producción establecidas en el Municipio Colon, Estado Zulia (Bracho Morán y Labrador Ramírez, 2012).

Objetivos específicos:

- Determinar la Curva de Maduración de los 11 Cultivares de Caña establecidas.
- Calcular los rendimientos en TCH y TAH para las 11 Variedades de Caña establecidas.
- Evaluar la Calidad y Concentración de Etanol producido por variedad.
- Determinar el Rendimiento de Etanol por hectárea y la eficiencia de Lts/Et/Tn de Caña (Bracho Morán y Labrador Ramírez, 2012).

Justificación

El ser humano, como todo ser vivo, depende del entorno para obtener energía. Previo al desarrollo industrial, el hombre utilizaba los animales, los vegetales, la fuerza del viento y del agua para obtener la energía necesaria para sus funciones vitales, para producir calor, luz y transporte. Luego, el hombre pasó a utilizar fuentes de energía almacenada en recursos fósiles, primero fue el carbón y posteriormente el petróleo y el gas natural (Sanhueza, 2009; Bracho Morán y Labrador Ramírez, 2012).

Actualmente, los combustibles fósiles y la energía nuclear proporcionan cada año alrededor del 90% de la energía que se utiliza en el mundo. Pero las reservas de combustibles fósiles son limitadas y, en mayor o menor grado, son contaminantes (Bracho Morán y Labrador Ramírez, 2012).Desde mediados del siglo XX, con el crecimiento de la población, la extensión de la producción industrial y el uso masivo de tecnologías, comenzó a crecer la preocupación por el agotamiento de las reservas de petróleo y el deterioro ambiental. Desde entonces, se impulsó el desarrollo de energías alternativas basadas en recursos naturales renovables y menos contaminantes, como la luz solar, las mareas, el agua, y la bioenergía proveniente de los biocombustibles.

En investigaciones realizadas en algunas ciudades de Europa, se ha estimado que el 80% de la contaminación atmosférica, se debe a la combustión de carburantes fósiles y que, de esta porción, el 50% lo aporta el transporte, con una participación del 73.7% de monóxido de carbono, 53% de hidrocarburos no quemados y 47% de monóxido de nitrógeno de los totales emitidos en atmósferas urbanas. En las ciudades de Centro América, la contaminación atmosférica está aumentando y ya ha alcanzado limites peligrosos para la salud humana y va en detrimento del medio ambiente, siendo los vehículos motorizados los principales causantes de esta contaminación (Grütter, 1986).

Frente a esta situación el etanol como biocombustible es una alternativa de fuente de energía renovable cuya contribución no sólo debe medirse utilizando unidades de energía, sino también considerando el poderoso efecto multiplicador que genera el proceso de transformación y desarrollo fácil de esta fuente de energía a partir del cultivo de la caña de azúcar (Poy, 1998; Labrador *et al.*, 2008).

Está comprobado que se puede obtener etanol de origen vegetal no contaminante a partir de algunos rubros agrícolas de fácil expansión como el maíz, sorgo, uva, yuca y caña de azúcar entre otros, que pueden solventar el problema del déficit de combustible en un momento determinado y frenar el deterioro del medio ambiente usando los combustibles menos pesados y de origen vegetal (Labrador *et al.*, 2008; Bracho Morán y Labrador Ramírez, 2012).

De acuerdo a experiencias de investigación realizadas en países con trayectoria en el sector azucarero como Brasil, Colombia, Costa Rica y Cuba se puede mencionar que la caña de azúcar es el principal rubro que en proceso de transformación de los derivados de caña para producir etanol se conoce. Debido a que la Zona Sur del Lago presenta las condiciones agro climáticas adecuadas para el establecimiento y expansión del cultivo de la caña de azúcar es factible consolidar un ensayo de investigación con fines de evaluar los rendimientos de etanol mediante varios cultivares de caña de azúcar con prioridad en siembra masiva del cultivo para incentivar el uso potencial del rubro con este propósito (Bracho Morán y Labrador Ramírez, 2012).

Mediante la consecución de los objetivos planteados en el proyecto se puede lograr la expansión del área cultivada de caña con fines de etanol, se alcanzara la innovación tecnológica del cultivo en el proceso de transformación mediante la utilización de la destilación simple como herramienta de trabajo en el producto final del etanol, dado que se ejecutará como una investigación de campo y experimental a nivel de laboratorio pues es necesario mantener una metodología secuencial y minuciosa para evitar el mínimo sesgo posible, que permite la recopilación de suficiente información para que se pueda aplicar las herramientas necesarias de los programas estadísticos analíticos de interpretación que faciliten el resultado con base en la difusión, divulgación y extensión agrícola (Bracho Morán y Labrador Ramírez, 2012).

En función de los avances tecnológicos que se deriven del proceso de transformación del jugo de caña de azúcar en etanol, en la zona es posible al prestar extensión agrícola a los productores involucrados por parte de nuestra ilustre Universidad en el área rural para que se consolide el establecimiento de la siembra de este cultivo con fines de etanol (Bracho Morán y Labrador Ramírez, 2012).

Factibilidad y seguridad de producir alcohol y otros subproductos de la caña de azúcar en la zona Sur del Lago de Maracaibo, así como autogestión de nuestra universidad en el proceso agroquímico de producción de alcohol como carburante vegetal (Labrador *et al.*, 2008).

Se facilita el proceso de transferencia de tecnológica en materia de investigación para dar apoyo a otras instituciones involucradas en el tema del alcohol y contribuirá de una manera indirecta con el crecimiento cultural y mejoramiento de la calidad de vida de los productores en la zona que se involucren con este proceso innovador (Bracho Morán y Labrador Ramírez, 2012).

A través de esta innovación tecnológica se logrará mejorar la plataforma en infraestructura de los laboratorios de química de la UNESUR, consolidando la adquisición de los equipos científicos necesarios contribuyentes a mejorar los procesos de transformación a que dé lugar en el área de laboratorio (Bracho Morán y Labrador Ramírez, 2012).

Con esta investigación en producción de etanol se dan los primeros avances en materia de publicación ejecutados en base a la transformación del jugo de la caña de azúcar de diferentes variedades sembradas a partir semilla asexual certificada. También se dará inicio al proceso de creación en la industria de la destilación para contribuir con la comercialización de materia prima producida en la zona con fines de producción de etanol (Bracho Morán y Labrador Ramírez, 2012).

CAPITULO II. Revisión de literatura referente a las bases teóricas y antecedentes al desarrollo de la presente investigación

Labrador Ramírez *et al*., (2020), Realizaron un ensayo en el campo experimental de la UNESUR, municipio Colón, estado Zulia, y evaluaron once cultivares de caña de azúcar (*Saccharum* spp. híbrido) en fase plantilla con fines de etanol, los criterios evaluados fueron: producción en toneladas de caña por hectárea (TCH), toneladas de azúcar por hectárea (TAH), porcentaje de Pol (%Pol), litros de etanol por hectárea (LtEt/Ha), concentración del producto [C], eficiencia en litros de etanol por tonelada de caña (LtEt/TC). Los resultados indicaron diferencias altamente significativas entre los tratamientos por efectos de las variedades para TCH (Pr >f= 0,0001) TAH (Pr >f= 0,0001) y significativas para LtEt/Ha(Pr >f= 0,03) y diferencias no significativas para % de Pol (Pr<f=0,077) concentración de etanol (Pr<f=0,801) y eficiencia en LtEt/TC (Pr<f=0,621), expresándose las mejores variedades para TCH la V99-236 (177,22), V98-120(181,92), V99-190(189,23), V99-217 (196,04). Para TAH se destacaron V98-120 (22,7), V99-217(23,72), V99-190 (22,73) y V99-236 (24,1). En cuanto a LtEt/Ha los mejores resultados fueron para la V99-236 (3.061) y la V99-217(2.756,9), para la eficiencia en LtEt/TC los cultivares más sobresalientes fueron V99-236 (17,35) y la B80-408 (15,28).

Medina (2008), citado por Bracho Morán y Labrador Ramírez en (2012), realizó en la universidad del Valle del Momboy, Valera estado Trujillo Venezuela, una investigación que tiene como objetivo general estudiar la factibilidad técnica económica para la producción de alcoholes en los trapiches paneleros del estado Trujillo. Para ello se llevó a cabo una investigación proyectiva, con un diseño de investigación de campo no experimental, fundamentada en teorías de distintos autores, relacionados con la innovación tecnológica y factibilidad técnica económica de un proyecto de inversión. La muestra estuvo conformada por nueve (09) trabajadores de tres (03) empresas más conocidas de la industria panelera, se utilizó un cuestionario contentivo de dieciséis (16) preguntas tipo Linker, validado por tres (03) expertos, con confiabilidad de coeficiente alfa de Combrach de resultado 0.80, se procesó con la estadística descriptiva, tablas de distribución de frecuencias absolutas y relativas. Los resultados indicaron pocos aportes en cuanto a la difusión tecnológica en productos y procesos carencia de maquinarias y equipos tecnológico para estas innovaciones, se comprobó que el uso de la vigilancia tecnológica y prospectiva tecnológica no está muy generalizado en las empresas paneleras, son escasas las que mantienen el desarrollo continuo, se logró identificar las causas que dificultan la innovación tecnológica en los trapiches paneleros del estado Trujillo el escaso financiamiento de fuentes exteriores las empresa, costos muy elevados, los plazos de retorno altos y riesgo financiero muy elevado por el desarrollo de innovación .

Alvarado y El Ayoubi, (2007). Evaluaron en campo experimental de la UNESUR, estado Zulia 13 variedades de caña de azúcar (*Saccharum* spp. Híbrido) en fase de Soca II con fines preliminares de producción de Etanol con los materiales: PR980, PR61-632, V64-10, B67-49, V83-3, V83-8, V83-16, V83-18, V83-21, V83-26, V83-31, CR74-250, RB73-97351. Los resultados indicaron diferencia no significativa en las variedades para TCH (Pr>f=0,1181), diferencias altamente significativas para TAH (Pr<f=0,0014), diferencias altamente significativas para Lt/Et/ha (Pr<f=0,0001) y para la Efic/Lt/Et/Kg Caña, diferencias altamente significativas (Pr<f=0,0018); Resaltando las mejores variedades en cuanto a TCH la V83-3 (134,89), la V83-21 (127,19) y la V83-18 (124,44) con un promedio de producción superior a 124,88 TCH en fase de Soca II. Para TAH las variedades

de mejor rendimiento fueron: V83-3 (15,21), V83-21(11,34), PR61-632 (11,19) con promedio de producción superior a 11 TAH en fase de Soca II, con respecto a Lt/Et/ha las variedades más sobresaliente fueron: CR74-250 (39.767), V83-21 (36.516), PR61-632 (31.432), B67-49 (25.979) y V64-10 (23.919); la eficiencia tuvo como variedades más representativa CR7-250 (29,3 Kg/Lt/Et), V83-21 (35 Kg/Lt/Et) y PR61-632 (38.6 kg/Lt/Et).

Díaz *et al.*, (2003), citados por Bracho Morán y Labrador Ramírez en (2012), realizaron un ensayo de variedades en las zonas cañeras perimetrales al central azucarero rio Turbio, estado Lara; donde se evaluaron 9 variedades (tres testigos) de caña de azúcar, en fase plantilla, soca I y soca II, en un diseño de bloques al azar, 3 repeticiones, 3 hileras por parcela con hilos de separación 1.5m. Las variedades evaluadas fueron: RB85-5035, RB85-5113, SP70-1284(T), RB85-5546, SP74-2005(T), RB85-5536, C266-70, C137-87 y la PR69-2176(T); las variables consideradas fueron TCH, TAH y rendimiento. Los resultados de los tres cortes indicaron que las mejores variedades en TCH fueron: RB85-5035 (121), C266-70 (125) y RB85-5113 (114), los valores más bajos CP74-2005 (92), RB85-5636 (87), PR69-2176 (93). En cuanto a la variable TAH los mejores resultados lo obtuvieron: RB85-5113 (13,44), C137-83 (13,42), C266-70 (12,40), siendo los más bajos en TAH: RB85-5536 (9,13) y PR69-2176 (10,04). En cuanto al rendimiento, los mejores materiales fueron C137-87 (12,01%), RB85-5113 (11,80%), CP74-2005 (11,24%) siendo los más deficientes C266-70 (9,36%) y RB85-5035 (10,19%). En cuanto a los tres parámetros evaluados (TCH, TAH, Rendimiento), los mejores resultados simultáneamente lo reportaron las variedades RB85-5113 y C266-70.

Amaya *et al*., (2003). Investigadores del INIA, evaluaron en los valles de Ureña (CAZTA), el grupo Nº 1 de variedades fundacaña en un diseño en bloques al azar, tres repeticiones, 3 hileras por parcela, distancia entre hilera 1,5m y 10m lineales con 19 variedades en tres ciclos plantilla, soca I y II, considerando las variables tonelada de caña por hectárea (TCH) y toneladas de azúcar por hectárea (TAH), los materiales evaluados fueron: B67-49, B74-118, SP70-1284, PR980, PR61-632, SP71-1406, RB85-5546, C85-92, C266-70, C137-81, SP72-4928, RB85-5536, RB85-5035, RB78-4148, CP72-2086, RB85-5113, V71-39, RAGNAR y B81-494. Los resultados durante los tres ciclos indicaron que las mejores variedades en TCH fueron: B67-49 (140), SP71-1406 (139), SP70-1284 (121), RB78-5148 (132), los más bajos resultados fueron B81-494 (84), RAGNAR (91) y V71-39 (90). En cuanto la producción toneladas de Azúcar por hectárea TAH los mejores materiales fueron: PR980 (12), B74-118 (11,8) RB85-5546 (11,3), mientras que los de menor rendimiento fueron: B81-494 (6,8), SP72-4928 (8) y RAGNAR (7,8).

Valecillos (2002). En zonas adyacentes al Central Azucarero Venezuela, realizó un ensayo regional de 17 variedades de caña de azúcar en un diseño en bloques al azar con 3 repeticiones y 3 hileras por tratamiento, en plantilla, soca I y soca II las variedades sembradas fueron: B82-101, V81-1, B82-279, V84-15, V84-8 B82-363, PR61632, V84-9 V8427, V84-2 V78-102, V78-106, V79-101, B82-211, B84-13, V64-10 y B82-12. Los parámetros evaluados fueron TCH, toneladas de panela por hectárea TPH, rendimiento TCH/TPH, % Pol y pureza. Los resultados de los tres ciclos indicaron que las mejores variedades en cuanto TCH fueron: B82101 (192,32), V84-9 (180,85), V81-1 (174,18) y las más deficientes fueron V79-101 (115,90) V64-10 (112,02) y B82-12 (106,73) en cuento TPH las mejores variedades resultaron: B82-101 (21,83) V84-15 (21,70) V81-1 (22,18) B82-12

(13,15) y V84-13 (15,62). En cuanto a la eficiencia (TCH/TPH) las mejores variedades fueron V79-101 (7,20) V78-102 (7,33) V84-15 (7,75) y PR61-632 (7,76), las más deficientes resultaron: B82-101 (9,33) V64-10 (9,24) y V84-9 (9,01) para % Pol las mejores variedades fueron: V79-101 (13,98%) V78-102 (13,65%) V84-15 (12,90%), siendo las más deficientes en Pol V64-10 (10,88%) B82-101 (10,91%) y V84-9 (10,95%). En cuanta pureza los análisis indicaron que las mejores fueron: PR61-632 (86,92%) V78-102 (86,13%) V79-101 (84,64%) V84-8 (84,97%); las más deficientes resultaron: B82-101 (77,68%) V84-9 (79,83%) y V64-10 (81,13%).

Bases teóricas

La caña de azúcar (*Saccharum spp* híbrido) es un recurso natural renovable, porque es fuente de azúcar, biocombustible, fibra, fertilizante y muchos otros productos y subproductos con sustentabilidad ecológica, cultivar de mayor importancia pues a partir este se produce el 80% del azúcar consumido en el mundo, se cultiva a nivel mundial y es de fácil expansión y propagación vegetativa, permite un fácil manejo agronómico, botánicamente la caña de azúcar pertenece a la familia de las Poaceas, y existen diversas especies y muchos cultivares productores de azúcar, panela y uso forrajero (Aguilar Rivera, 2007; Sanhueza, 2009; Aguilar Rivera *et al.*, 2012).

Los nombres de las variedades e híbridos están formados por un número de orden, precedido de las iníciales correspondiente al lugar de origen. Por ejemplo: V00-50 significa Venezuela, año 2000, lote 50; B80-408 significa Barbados, año 1980, lote 408. Cada variedad tiene sus propias características, ver tabla 1 (Bracho Morán y Labrador Ramírez, 2012).

Tabla 1. Taxonomía de la caña de azúcar (Aguilar Rivera, 2007; Aguilar Rivera *et al.*, 2012).

Reino: Plantaae	División: Magnoliophyta
Clase: Liliopsida	Subclase: Commelinidae
Orden: Poales	Familia: Poaceae
Subfamilia: Panicoidea	Tribu: Andropogoneae
Género: *Saccharum*	Especie: spp. híbrido

Morfológicamente, la planta de caña de azúcar es un cultivo que se adapta muy fácil a todo tipo de condiciones agroecológicas, está compuesta por un sistema radicular que le sirve de anclaje a la planta y es el medio para la absorción de nutrimentos y agua del suelo, está conformado por dos tipos de raíces: raíces de la estaca original o superficiales, que se originan de los primordios radicales, localizada en el anillo de crecimiento del trozo original (estaca) que se siembra, son delgadas, muy ramificadas y su período de vida llega hasta el momento en que aparecen las raíces en los nuevos brotes y ocurre entre los 2 - 3 meses de edad (raíces permanentes o de sostén). Las raíces permanentes, brotan de los anillos de crecimiento radical de los nuevos brotes, son numerosas, gruesas de rápido crecimiento y su proliferación avanza con el desarrollo de la planta, la cantidad, la longitud y la edad depende de las variedades y de los factores ambientales, como el tipo de suelo y la humedad, que influyen en estas características (Gómez, 1975; Gravois y Milligan, 1992). En caña de azúcar es difícil distinguir entre las raíces superficiales y las de sostén, pues se acumulan y desarrollan mayormente en los primeros 40 cm. de profundidad (Labrador Ramírez *et al.*, 2020).

El rango óptimo de temperatura para el crecimiento de la caña se encuentra entre 26ºC y 30ºC, temperaturas menores a 21ºC retardan el crecimiento de los tallos y la variación entre la temperatura diurna máxima y temperatura nocturna mínima, estimulan la concentración de sacarosa. La producción de biomasa en la caña de azúcar está directamente relacionada con la radiación solar que este intercepta, pues al aumentar la radiación solar mayor será la cantidad de biomasa y mayor será la concentración de sacarosa (Cock *et al.*, 1983; Gravois y Milligan, 1992).

Los tallos corresponden a la sección anatómica y estructural de la planta de caña de azúcar, que presenta mayor valor económico e interés para la fabricación de azúcar y la elaboración de alcohol, motivo por el cual su composición química reviste especial significado (Cock *et al.*, 1983).

El entrenudo es la porción del tallo, localizada entre dos nudos en la parte apical del tallo, en los entrenudos se presenta la división celular que determina la elongación y la longitud final. El diámetro, el color, la forma y la longitud de los entrenudos dependen de la variedad, la forma más común de los entrenudos son de cilíndrico, abarrilado, conoidal, obconoidal y el bicóncavo (Gómez, 1975)

Una vez que se cosecha el tallo de la plantilla, las raíces mueren, las yemas y los primordios radiculares de la cepa rebrotan para dar origen a la soca, el número de cortes del cultivo (plantilla y socas), depende de la variedad, de las prácticas culturales y de las condiciones ambientales al momento de la cosecha; es decir, existe una tendencia a disminuir la producción a medida que avanza o aumenta el número de cortes (Tecnicaña, 1986).

Las hojas de la caña de azúcar se originan en los nudos y se distribuyen en porciones alternas a lo largo del tallo a medida que este crece, cada hoja se compone de lámina foliar, la vaina y la unión de éstas forma la lígula y en sus extremos se presentan las aurículas, que a veces es pubescente y otras es glabra si carece de pelos. El color de la lígula y la aurícula dependen de la variedad. La lámina foliar es la parte más importante para el proceso de fotosíntesis y la disposición en la planta depende la variedad, siendo las más comunes la pendulosa o caída y la erecta (Gómez, 1975). La disposición de la lámina foliar en la planta determina los rendimientos siendo posible encontrar variedades con altos o bajos rendimientos que tienen diferentes disposiciones de las hojas en cualquier densidad de siembra. La lámina foliar la componen la nervadura central, dispuesta a lo largo de ésta, las nervaduras secundarias paralelas a éstas, los bordes con prominencias en forma serrada cuyo número y longitud cambia con la variedad. La vaina es de forma tubular, envuelve el tallo y es ancha en la base, puede ser glabra o con pelos urticantes en cantidad y longitud, dependiendo de la variedad. La coloración es verde cuando tierna, pero cambia a rojo púrpura cuando la hoja alcanza su máximo desarrollo. La intensidad de adhesión de las vainas al tallo depende de la variedad, siendo preferible el desprendimiento fácil, una vez desarrollada, ya que facilita la quema, el corte de la planta y disminuye las impurezas durante la molienda (Tecnicaña, 1995).

La flor en la caña de azúcar presenta dos fases de desarrollo, la vegetativa originada por la división celular en los puntos de crecimiento y la reproductiva o de floración, que es continuación de la anterior y ocurre cuando el fotoperiodo, temperatura, la disponibilidad de agua y nutrimentos en el suelo, le son favorables (Labrador Ramírez *et al.*, 2020).

La inflorescencia de la caña de azúcar es una panícula sedosa en forma de espiga. La flor está constituida por un eje principal con articulaciones en las cuales se insertan las espiguillas, una frente a otra, estas contienen una flor hermafrodita con dos antenas y un ovario con dos estigmas, cada flor se rodea de pubescencias largas que le dan un aspecto sedoso. En cada ovario hay un óvulo que una vez fertilizado origina el fruto denominado cariópside o lo que comúnmente es la semilla de la caña de azúcar, que es de forma ovalada de 0,5 mm. de ancho y 1,5 mm de largo (Tecnicaña, 1986).

Composición química de la caña de azúcar. En términos generales, la composición química de la caña de azúcar es la resultante de la integración e interacción de varios factores que intervienen en forma directa e indirecta sobre sus contenidos, variando los mismos entre lotes, localidades, regiones, condiciones del clima, variedades, edad de la caña, estado de madurez de la plantación, grado de despunte del tallo, manejo incorporado, periodos de tiempo evaluados, características físico-químicas y microbiológicas del suelo, grado de humedad (ambiente y suelo), fertilización aplicada entre otros (Bracho Morán y Labrador Ramírez, 2012).

En términos globales la caña está constituida principalmente por jugo y fibra, siendo la fibra la parte insoluble en agua formada por celulosa, la que a su vez se compone de azúcares simples como la glucosa (dextrosa). A los sólidos solubles en agua expresados como porcentaje y representados por la sacarosa, los azúcares reductores y otros componentes, comúnmente se les conoce como Brix. La relación entre el contenido de sacarosa presente en el jugo y el Brix se denomina Pureza del Jugo. El contenido de sacarosa, expresado como un % en peso y determinado por polarimetría, se conoce como "Pol" (Labrador Ramírez *et al.*, 2020).

La energía solar es utilizada a través del mecanismo de conversión fotosintética (fotobiológica) de las plantas, por medio de la cual el CO_2 de la atmósfera es fijado por el vegetal en diversos compuestos de naturaleza orgánica, formando carbohidratos. La biomasa producida es luego transformada en productos que poseen la capacidad energética de sustituir los derivados del petróleo, tal como ocurre con el alcohol (anhidro) carburante o etanol (Barreto, 1980; citado por Labrador, 2004).

Las materias primas vegetales que pueden potencialmente emplearse para producir alcohol es muy diverso, aunque genéricamente se incluye preferencialmente aquellas ricas en hidratos de carbono, las cuales pueden agruparse en dos categorías desde el punto de vista de la fermentación:
a) directamente fermentables (glucosa, fructuosa, sacarosa)
b) indirectamente fermentables (almidón, celulosa)
(Bracho Morán y Labrador Ramírez, 2012; Labrador Ramírez *et al.*, 2020).

De acuerdo con esas categorías, las primeras (directamente fermentables) no requieren de transformación previa en hidratos de carbono, como acontece con la sacarosa, la glucosa y la fructuosa. En el caso de las fuentes indirectamente fermentables si es necesario realizar la conversión previa en carbohidratos, para someterlas luego a fermentación con el objeto de que puedan ser asimiladas por la levadura alcohólica, tal es el caso de los almidones y la celulosa (Labrador *et al.*, 2008).

Aunque todas esas fuentes de Carbohidratos puedan ser Fermentadas, deben considerarse inicialmente aquellas que presentan alta concentración de ese componente en la materia prima, para lo cual debe a su vez presentar alta productividad agrícola (t/ha), rendimientos de alcohol y rentabilidad (¢/litro).

Tanto el almidón como la Celulosa deben en primera instancia ser convertidos (desdoblados) en azúcares fermentables, antes de ser sometidos a la fermentación alcohólica (Barreto 1980; citado por Labrador, 2004).

De la composición de la caña, el 99% corresponde a los elementos hidrógeno, carbono y oxígeno. Su distribución en el tallo es de aproximadamente un 74,5% de agua, 25% de materia orgánica y 0,5% de minerales (Bracho Morán y Labrador Ramírez, 2012). Para muchos tecnólogos y especialistas, la caña como materia prima se constituye fundamentalmente de fibra y jugo, donde:

CAÑA = JUGO + FIBRA

CAÑA = FIBRA + SÓLIDOS SOLUBLES (BRIX)

La fibra se define como la fracción de sustancias insolubles en agua que tiene interés no sólo por su cantidad sino también por su naturaleza, y el jugo como una solución diluida e impura de sacarosa. La calidad y contenido del jugo depende en un alto grado de la materia prima que le dio origen. Los altos contenidos % de fibra dificultan la extracción del jugo retenido en las células del tejido parenquimatoso del tallo, lo que implica y obliga a efectuar una excelente preparación de la materia prima para su molienda, procurando alcanzar una mayor desintegración y ruptura de las células que contienen el jugo (Bennett 1980 citado por Labrador Ramírez et al., 2020).

Los sólidos solubles están representados como se indicó, por los azúcares y los no azúcares orgánicos e inorgánicos. Los azúcares se representan a su vez por la sacarosa, la glucosa y la fructuosa, manteniendo la primera el mayor porcentaje, el cual puede alcanzar valores próximos al 18%. Los otros azúcares del jugo aparecen en proporciones variables, dependiendo del estado de maduración de la materia prima. La sacarosa se hidroliza con facilidad en soluciones ácidas según la siguiente reacción:

$$\mathbf{C_{12}H_{22}O_{11} + H_2O \text{ ---------------------- } C_6H_{12}O_6 + C_6H_{12}O_6}$$

Sacarosa Glucosa Fructuosa

A esta reacción hidrolítica se le aplica generalmente el nombre de inversión y los monosacáridos: glucosa y fructuosa producidos reciben el nombre de azúcares reductores. Altos contenidos de estos azúcares en los tallos denuncian un estado de inmadurez, con presencia de otras sustancias indeseables como almidón. En el caso de cañas maduras, los azúcares reductores contribuyen relativamente poco en la mayor recuperación de azúcar en forma de cristales (Gravois y Milligan, 1992).

En la producción de alcohol, el empleo de cañas que aún no alcanzaron un estado de madurez satisfactorio puede generar problemas, debido a la posible presencia de sustancias indeseables para la fermentación, pues como se indicó, en la producción de alcohol lo que interesa es la cantidad de Azúcares Fermentables Totales (AFT) (Alvira *et al.*, 2010).

Indicadores de la producción de caña de azúcar

Índice de maduración. Momento en que el cultivo de la caña de azúcar alcanza el punto de madurez fisiológica y está apta para cosechar, está determinado por la cantidad de sólidos solubles totales (SST) presentes en toda la estructura del tallo (Alvira *et al.*, 2010).

Existen varias maneras de considerar la maduración de caña de azúcar, la primera es la llamada maduración botánica y se alcanza cuando aparece la flor, la segunda es la maduración fisiológica y ocurre cuando el tallo alcanza el mayor almacenamiento de azúcar (sacarosa) y otros sólidos la cual se puede medir con un refractómetro y una tercera denominada maduración económica y es el que corresponde al momento en que el contenido mínimo de sacarosa está por encima del 13% en la base del peso seco de la caña de azúcar (Uzcátegui, 1985, citado por Labrador, 2004).

El más común utilizado es el de madurez fisiológica que consiste en medir la cantidad de sacarosa con el refractómetro de mano los ºBrix presentes los entrenudos superiores y los ºBrix de los entrenudos inferiores de un mismo tallo de la caña, para así obtener la relación entre ellos como indicador del grado de maduración (Alvira *et al.*, 2010).

Toneladas de caña de azúcar por hectárea (TCH). Se refiere a la cantidad de caña verde producida por unidad de superficie (ha.) donde no se considera el follaje ni la raíz, está en función del rendimiento por variedad y representa entre el 50% y el 80% de la biomasa total que se cosechan de los tallos de la caña verde (Gravois y Milligan, 1992).

Litros de etanol por hectárea (LEH). Se refiere a la cantidad de Etanol producido por unidad de superficie (ha) y se obtiene mediante el proceso de extracción del jugo de la caña cualquier otro derivado el cual es fermentado por inducción química y sometido a un proceso de destilación para separar el alcohol del agua a una temperatura que oscila entre 75°C y 80°C (Bracho Morán y Labrador Ramírez, 2012).

Fabricación del Alcohol. El alcohol se fabrica a partir de la fermentación de los carbohidratos (azúcares o almidón), cuya materia prima originaria dependerá de los recursos y facilidades particulares que disponga cada país. A diferencia de los combustibles fósiles que provienen de la energía almacenada durante largos períodos en los restos fósiles, los biocombustibles provienen de la biomasa, o materia orgánica que constituye todos los seres vivos del planeta. La biomasa es una fuente de energía renovable, pues su producción es mucho más rápida que la formación de los combustibles fósiles. La caña de azúcar es la fuente más idónea para la producción de etanol, ya que los azúcares que contiene son simples y fermentables directamente por las levaduras (Aro, 2016).

Figura 1. Esquema propuesto para la obtención de etanol a partir de los cultivares de caña de Azúcar en la Hacienda La Glorieta, Santa Bárbara de Zulia, estado Zulia.

El proceso de obtención de etanol a partir de caña de azúcar comprende la extracción del jugo de caña (rico en azúcares) y su acondicionamiento para hacerlo más asimilable por las levaduras durante la fermentación. Del caldo resultante de la fermentación debe separarse la biomasa, para dar paso a la concentración del etanol mediante diferentes operaciones unitarias y a su posterior deshidratación, forma en que es utilizado como aditivo oxigenante, ver figura 1 (Aro, 2016).

Sistemas de hipótesis

Hipótesis alternativa (Hi). Existen diferencias en la producción de etanol para las 11 variedades de Caña de Azúcar evaluadas en el Campo Experimental UNESUR.

Hipótesis nula (H0). No existen diferencias en la producción de etanol para las 11 variedades de Caña de Azúcar evaluadas en el Campo Experimental UNESUR, algunas manifestaron bajo rendimiento en Etanol.

Sistemas de variables

Tabla 2. Sistemas de variables propuestas para evaluar el rendimiento para la producción de etanol en 11 cultivares de caña de azúcar en la zona Sur del Lago de Maracaibo.

Variables	Descripción	Unidades
Dependientes	**Rendimiento en Etanol**	**LtEt/Ha LtEt/TC**
Independientes	**Los 11 cultivares de Caña de Azúcar, Brotación, Maduración, TCH, TAH, Concentración Etanol**	**Variedades % °Brix Tn**
Intervinientes	**Condiciones Edafoclimáticas**	**mm, °C, %**

Capítulo III. Marco metodológico

Tipo y diseño de investigación. El tipo de Investigación será experimental y de campo, el modelo cuantitativo, se realizaron muestreos de tallos para los tratamientos en el campo de plantas maduras a cosecharse (Sabino, 1992; Sabino, 2002). Las muestras fueron sometidas a un proceso de extracción de jugo analizado y procesado en el laboratorio, obteniendo etanol a partir del jugo de caña fermentado.

El diseño de la investigación se realizó de forma experimental en bloques completamente al azar con tres repeticiones y 11 tratamientos o variedades, se tomaron como muestra el hilo central de 3 kg/repetición cada una para un total 99 kilos por tratamiento/repetición (Bracho Morán y Labrador Ramírez, 2012).

Población y muestra. Está representada por plantas establecidas en un área efectiva de superficie plana de 3.000 m^2, con parcelas experimentales de 45 m^2, dividida en tres surcos de 1,5 metros entre hileras por 10 metros de largo, con 6 metros de separación entre cada bloque. La población general comprende 11.880 plantas, las once variedades evaluadas son: V91-8, V98-86, V91-01, V99-217, C323-68, V98-120, V99-236, B80-408, V00-50, V99-190, CP74-2005 (Bracho Morán y Labrador Ramírez, 2012).

Las muestras consideradas fueron 3960 plantas del hilo central, se tomaron completamente al azar de cada tratamiento de caña de azúcar a razón de tres muestras/tratamiento para un total de 99 muestras, las mismas cuentan con un peso de 2 - 4 kg aproximadamente por muestra, esto para garantizar que los resultados a obtener sean representativos y confiables (Bracho Morán y Labrador Ramírez, 2012).

Materiales y métodos de investigación. El ensayo se estableció en la hacienda La Glorieta de la UNESUR, municipio Colón, zona Sur del Lago de Maracaibo, estado Zulia, siendo esta una zona agroecológica de bosque húmedo tropical, donde las condiciones climáticas son: temperatura promedio máxima 32.95°C y minina 22.91°C, radiación solar de promedio 410,24 Mj/m^2.h, una precipitación de 1.564,61 mm/año, nubosidad escasa, humedad relativa máxima 92.24% mínima 53.37% , altitud de 4 m.s.n.m y velocidad del viento máximas 8.53 m/seg. Ubicado en las coordenadas Latitud Norte: 08°58´51.9¨ Longitud Oeste: 71°55´21.9¨ (Bracho Morán y Labrador Ramírez, 2012).

La investigación se inició en el mes de junio del año 2008 con la siembra de esquejes de las variedades V91-8, V98-86, V91-01, V99-217, C32-368, V98-120, V99-236, B80-408, V00-50, V99-190, CP74-2005, provenientes de la materia genética del centro de investigación del INIA Táchira, estado Táchira. El área de terreno a utilizar es de 3000 m^2 de topografía plana previamente preparado con un pase de arado, 2 pases de rastra y uno de surcado, la parcela experimental considerada será de 45 m^2, de 1.50 m entre surco por 10 m de largo con separación entre los tres bloques de 6 m. Para la evaluación de las muestras se considerara el surco central de 120 yemas por surco para un total de 3960 plantas (Bracho Morán y Labrador Ramírez, 2012).

La siembra de la plantilla (año 2008-2009) se realizó con una densidad de 12 yemas/metro lineal de surco bajo un diseño experimental de bloques completamente al azar con tres repeticiones, parcelas de 3 hileras y 10 tratamientos, el ensayo fue conducido por el ciclo de plantilla; la cosecha de la plantilla se efectuó a los trece meses (julio 2009.), de acuerdo a un cronograma de actividades. La fertilización en fase de plantilla se realizó de acuerdo al análisis de suelo con 280 Kg./ha de urea (N_2H_4CO), 200kg/Ha de superfosfato triple y 430 Kg. de cloruro de potasio (KCl), aplicándose todo el fósforo 1/3 de nitrógeno y 1/3 de potasio al momento de la siembra , 1/3 de nitrógeno y 1/3 de potasio a los 45 días y el resto de fertilizante a los 90 días (Labrador Ramírez *et al.*, 2020).

La labor de la muestra de suelo se realizó a los 60 días previo a la siembra se tomaron las muestras de suelo donde los resultados revelaron (Díaz *et al.*, 2003) 40 cm. de profundidad un suelo de textura franco arcillosa, alto en fósforo 46 ppm alto en potasio 212 ppm, medio contenido de calcio 65 ppm, medio en materia orgánica 3,37%. Las variables a evaluadas son las 11 variedades de caña de azúcar, % de brotación, aspecto general del cultivo, índice de maduración y las variables de producción toneladas de caña por hectárea (TCH), toneladas de azúcar por hectárea (TAH), Litros de Etanol por hectárea (LtEt/Ha), Litros de Etanol por Tonelada de Caña (LtEt/TC), rendimiento % de extracción, % de sacarosa ºBrix. A los 45 días después de establecida la plantilla se hicieron las observaciones y evaluaciones preliminares de la brotación y aspecto general de cultivo de cada una de las variedades. A partir de los 10 meses (280 días) se determinó la brixometría del cultivo cada 20 días para el índice de maduración hasta los 360 días (Bracho Morán y Labrador Ramírez, 2012).

En el momento que cada una de las variedades alcance el punto de maduración se procedió a muestrear 10 tallos del surco central, se pesaron y enviados al laboratorio en el INIA Yaracuy donde se les realizara el análisis de (%Pol, sacarosa, peso de los tallos, °Brix entre otras) (Bracho Morán y Labrador Ramírez, 2012).

Luego se cosecharon 3 tallos de caña del hilo central de cada tratamiento se trasladaron al molino donde se extrajo el jugo pesándolo y midiendo su volumen, se pasaron por un filtro reteniendo partículas extrañas gruesas, seguidamente se tomó una porción de 1000 mL con el que se realizó el medio de cultivo, en el laboratorio, seguidamente se hiso la esterilización de los materiales y el jugo de caña donde se formó el inoculo, después que se dejó en reposo para bajar la temperatura. Se midió el pH, se ajustó a 4.5 agregando ácido sulfúrico (H_2SO_4 1M) hasta obtener un pH 4.5, luego se le agregó levadura del tipo *Saccharomyces cerevisiae* 10g, 0,65g de sulfato de calcio, 0,5g de Urea y pequeñas cantidades de sulfato de zinc, cobalto y magnesio, posteriormente se llevó a la incubadora con una temperatura de 32°C dejándolo en reposo por 24 horas (ver figura 1) (Bracho Morán y Labrador Ramírez, 2012).

Una vez creado el medio de cultivo se realizó la inoculación para las 33 muestras de 100ml, tomando los °Brix de cada jugo de caña seguidamente se colocó en un kitasato esterilizado de 100 ml sellado con un tapón de goma y en el extremo de boca fina se alarga una manguera reposando en un envase (Baker) con agua para asegurar que el CO_2 producido por la fermentación apacigüe la presión del recipiente saliendo por allí, asegurando un ambiente completamente libre de O_2, luego se midió el pH de la misma manera que con el medio de cultivo ajustando el pH 4.5 con ácido sulfúrico (H_2SO_4 1M), posteriormente se inocularon con el medio de cultivo con un 3% del volumen de jugo de caña (3ml), estas muestras se colocaron en una incubadora a una temperatura de 32ºC por un tiempo de 5 días (Reyes *et al*, 2022).

Una vez que se alcance la fermentación de las muestras se determinó el tiempo óptimo de fermentación (10 a 12 días), posteriormente se midieron los ºBrix de las muestras para comparar las concentraciones de los azucares antes y después de la fermentación, seguidamente se procedió con la destilación de cada jugo fermentado, colocándolo en un balón de destilación (500ml) los 100 ml para instalarlo en el rotaevaporador donde se realizó el proceso de destilación, una vez que el termómetro indique una temperatura de 76ºC el líquido obtenido se descarta, colectando a partir de los 78ºC hasta los 92°C donde se obtendrá el etanol más un pequeño porcentaje de agua, seguidamente el producto obtenido por la destilación se le midió el volumen en un cilindro graduado, seguidamente se tomaran pequeñas cantidades de etanol para medir el índice de refracción con el refractómetro digital, obteniendo los datos necesarios para llevarlos a la recta de calibración con la que se obtuvo la concentración del etanol producido, después de finalizado el proceso de destilación para todas las muestras se determinó el rendimiento de etanol por Ha (LtEt/Ha) y eficiencia (LtEt/TC) (Bracho Morán y Labrador Ramírez, 2012).

Técnicas de instrumentación de recolección de datos.

- A partir del mes 2 después de la siembra se realizó las pruebas y toma de muestras de % de brotación de cada una de las variedades sembradas.

- A partir del cuarto mes se determinó el número de tallos molibles por tratamiento y observaciones generales de adaptación del cultivo.

- La curva de Maduración se determinó con el refractómetro a partir de los 280 días de la plantación, midiendo con intervalos 20 días, en 5 tallos aleatoriamente del surco central de la parte superior y luego de la parte inferior (refractometría), del tallo hasta los 360 días.

- Días antes de la cosecha se tomaron muestras de 10 tallos molibles de la hilera central al azar, de cada tratamiento para ser analizados en el laboratorio del INIA Yaracuy donde se obtendrá %Pol, Peso del bagazo entre otras.

- Una vez maduras más del 50% se cosecharon 3 tallos molibles por tratamiento y repetición para la extracción del jugo destinado para ser transformado con previa fermentación en Etanol (pesaje, fermentación, destilación y del jugo extraído) proceso que se realizó en el laboratorio de Química de la UNESUR, donde se obtuvo la concentración del etanol y el rendimiento LtEt/Ha y LtEt/TC.

- Ya maduras todas las variedades se procedió a la cosecha y recolección definitiva para medir las toneladas de caña por hectárea (TCH).

- Se determinó mediante análisis de las muestras en el laboratorio el porcentaje de sacarosa, porcentaje de pureza, cantidad de azúcar en tonelada por hectárea (TAH).

Todo el proceso de evaluación del ensayo se registró en minutas de campo con valores tabulados para ser analizados e interpretados (Bracho Morán y Labrador Ramírez, 2012).

Técnicas de análisis y procesamiento de datos. Se recolectó la caña en soca I, determinando el peso en tonelada de caña por hectárea (TCH) por cada una de los tratamientos. Las muestras analizadas en el laboratorio de química de la UNESUR, mediante la fermentación del jugo de caña, destilación del jugo fermentado y medición del índice de refracción y volumen del producto obtenido, con el fin de evaluar las características físicas y químicas del etanol. luego se determinaron los resultados para el rendimiento, calidad y cantidad de etanol producido. se utilizó para el estudio de la información, un análisis estadístico de la varianza y la prueba de medias de Tukey con el programa estadístico SPSS para Windows para las varianzas TCH, % Pol, TAH, concentración del etanol, LtEt/Ha, LtEt/TC. Todas las variables analizadas serán interpretadas mediante figuras de histogramas, curvas de interpretación, comparaciones en la fase de plantilla con la Soca I y posteriormente se interpretaran los resultados (Bracho Morán y Labrador Ramírez, 2012; Ramírez et al., 2020).

Capítulo IV. Resultados y discusión

El índice de maduración de las variedades se muestra en la figura 2, la cual indica el punto de cosecha del ensayo que se inició con el muestreo de las lecturas del °Brix. Según estos valores se puede apreciar que las variedades V98-120, B80-408, V00-50 y V99-190 se comportaron como tardías, ya que no superaron el valor indicativo de la madurez fisiológica (Pm: 0.95 - 1) aun cumpliendo con el ciclo del cultivo y no estaban aptas para cosechar pues su indicador de madurez oscila entre 0,7 y 0.9 para las condiciones del municipio Colón. A fin de optimizar los rendimientos de las variedades establecidas la cosecha, se debe realizar en el punto óptimo de la maduración del cultivo, donde la alta concentración de sólidos solubles presentes en el tallo favorece los rendimientos en producción de sacarosa contribuyendo con la producción de panela.

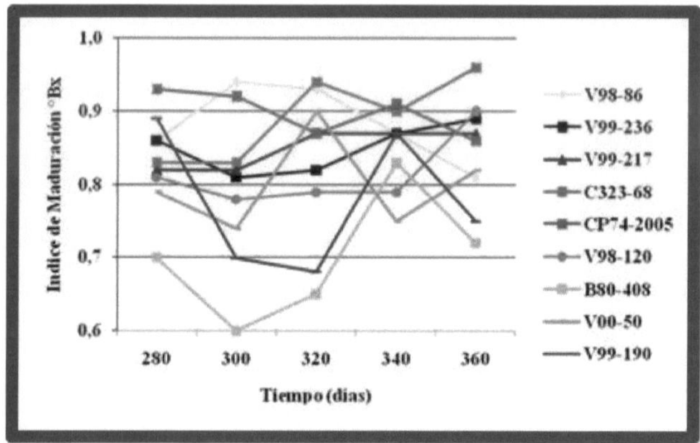

Figura 2. Índice de maduración de las variedades tardías en estudio en once cultivares de caña de azúcar (*Saccharum* spp. híbrido) durante un ciclo de producción.

En la figura 3 se evidencia que las variedades V91-8, V91-01, alcanzaron el punto de maduración fisiológica antes de cumplir el ciclo del cultivo (360 días) comportándose como variedades precoces, pues su índice de maduración supera el 0.95 valor obtenido en la brixometría al momento de realizar la lectura en el campo, donde más del 50% de los materiales estaban a punto de cosecha antes de cumplir el ciclo del cultivo. En este sentido, se puede decir, que la maduración o punto de cosecha en la caña de azúcar está afectado por las características genéticas propia de la variedad pero restringido por las condiciones del medio ambiente (Valecillos, 2003).

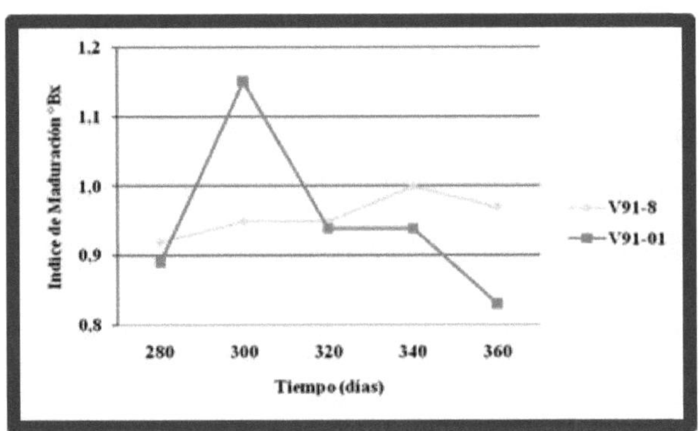

Figura 3. Índice de maduración de variedades precoces en estudio en once cultivares de caña de azúcar (*Saccharum* spp. híbrido) durante un ciclo de producción.

En la figura 4 se presenta la prueba de medias de Tukey para la respuesta a la variable rendimiento en TCH, donde los resultados según el ANOVA revelaron diferencias significativas (Pr>f = 0,0209) para esta variable, donde se pueden apreciar tres grupos de medias, el primer grupo conformado por los valores más altos en TCH para las variedades V91-8, V98-120, V99-190 en un promedio de 73,04; un segundo grupo intermedio conformado por las variedades V91-01, V99-217 y V00-50 con valor promedio en TCH de 57,17; y un tercer grupo con los valores bajos en TCH conformado por los materiales V98-86, C32-368, V99-236 y CP74-2005 en un promedio de 35,68.

Esta respuesta no supera a los valores de los ensayos realizados por Alvarado y El Ayoubi, en 2007 con condiciones iguales y con otros cultivares azucareros, donde el rendimiento promedio fue 131,04 para La variable TCH en fase soca II y una diferencia no significativa para esta variable; cabe destacar que los rendimientos de esta variable en la zona se vieron afectadas por condiciones ambientales poco favorables para el desarrollo del cultivo pues presentó un periodo de sequía extremo durante la etapa crítica y desarrollo del cultivar (Bracho Morán y Labrador Ramírez, 2012).

Figura 4. Toneladas de caña por hectárea en once cultivares de caña de azúcar (*Saccharum* spp. híbrido) durante un ciclo de producción.

En la Figura 5 se muestran los resultados obtenidos para la variable porcentaje de Pol donde la variedad que arrojó mejores resultado fue: CP74-2005 (54,6%) en cuanto al de menor % de Pol obtenido tenemos la V99-217 (12,93%) el resto de las variedades en estudios se comportaron de forma similar obteniéndose valores que oscilan entre (20,73 y 42,47%) valores estos considerados óptimos para una zona de alta humedad y elevada precipitación.

Figura 5. Porcentaje de Pol (Sacarosa) en cultivares de caña de azúcar (*Saccharum* spp. híbrido) durante un ciclo de producción.

Posiblemente los altos % de Pol expresados por las variedades se debieron a la buena fertilidad del suelo y características genéticas propias de la variedad ya que altos % de Pol (SST) es un indicador de alto rendimiento en sacarosa, azúcar y etanol (Gómez, 1975).

En la figura 6 se muestran los promedios para la variable TAH donde los resultados indicaron dos situaciones diferentes: un primer grupo con valores en producción de azúcar en un promedio de 10,18 TAH, conformado por V91-8,V98-120, V99-190 y un grupo con los valores más bajos en promedio de 6,11 TAH conformado por V98-86, C323-68, B80-48.

Figura 6. Toneladas de azúcar por hectárea en cultivares de caña de azúcar (*Saccharum* spp. híbrido) durante un ciclo de producción en la Hacienda La Glorieta, Santa Bárbara de Zulia.

Estos rendimientos en azúcar son similares al ensayo realizado en zonas óptimas para el cultivo de la caña de azúcar del país, Amaya *et al.*, 2003 en la localidad de Ureña estado Táchira, sus mejores resultados fueron para las variedades PR980 (12TAH) y la B74-118 (11,8TAH). Es importante resaltar que los altos rendimientos en azúcar se deben a los altos contenidos de % de Pol de las variedades que se puede ver reflejada en los rendimientos de alcohol.

En la figura 7 se muestra la respuesta para la variable concentración del etanol donde los resultados revelaron diferencia altamente significativa entre los materiales, diferenciándose en dos grupos cuyos valores más altos lo obtuvieron los cultivares V91-01, C32-368 y CP74-2005 con un promedio de 46,97 y un segundo grupo con valores más bajos en promedio de 15,48 en los cultivares V99-217, B80-408 y V00-50.

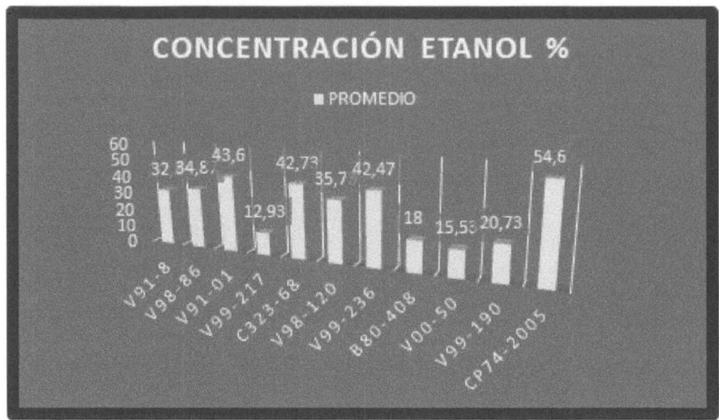

Figura 7. Concentración de etanol (%) en once cultivares de caña de azúcar (*Saccharum* spp. híbrido) durante un ciclo de producción.

Estos resultados superan a la investigación realizada por Labrador *et al.*, 2016 cuyos promedios oscilaron: V99-236 (31,17%) y B80-408 (24,2%), esto es atribuido posiblemente a los índices de refracción obtenidos para cada variedad donde se obtuvo un bajo promedio y en forma constante en sus valores, que al interpolado al método tabulado SSPS de la recta de calibración (Índice de Refracción vs % de Etanol) manifiestan esa calidad de concentración, es decir, que la eficiencia de calidad del etanol para las 11 variedades son aparentemente iguales y para efectos de selección se debe considerar la variedad que produjo mayor volumen de etanol.

En el trabajo de Alvarado y Amaya (2021) se utilizaron diferentes técnicas para el aprovechamiento de residuos lignocelulósicos como el bagazo de la caña de azúcar, mediante una serie de fases que incluyeron: el pretratamiento de la materia prima, la hidrólisis enzimática, la fermentación de los azúcares por medio de levaduras y por último, la fase de destilación para dar con la obtención del bioetanol. En el presente estudio se trabajó directamente con la materia prima, para posteriormente proceder a la fermentación con *S. cerevisae*, lo que constituyó una producción aceptable de etanol (figura 1).

En la figura 8 se expresa la respuesta a la variable eficiencia de (LtEt/TC), para la prueba de media de Tukey, donde según los análisis de la varianza decretaron eficiencia altamente significativa (Pr>f=0,001) en efecto en los valores absolutos se puede corroborar que si existe diferencia, destacándose como los mejores cultivares (V98-86, V99-236 y la CP74-2005) que mayor litros de etanol por tonelada de caña producen.

Figura 8. Eficiencia (LtEt/TC) en once cultivares de caña de azúcar (*Saccharum* spp. híbrido) durante un ciclo de producción.

Estos resultados fueron superiores a la investigación ejecutada por Labrador *et al.*, 2016 cuya respuesta a la variable eficiencia (LtEt/TC), para la prueba de media Tukey indicaron diferencias no significativas; esto debido al comportamiento similar que obtuvieron los diversos cultivares a evaluar.

En la figura 9 se presentan los resultados de la prueba de media Tukey para la variable LtEt/Ha en el cual el análisis de la varianza manifestó diferencias significativas (Pr>f=0,03) entre las variedades que pueden ser atribuidos a los altos contenidos de % de sacarosa, donde se identifican tres grupos de medias, el grupo más eficiente conformado por las variedades de mayor producción en LtEt/Ha: V98-86 V98-120 y CP74-2005 en un promedio de 1717,29LtEt/Ha, un grupo intermedio integrado por las variedades V91-01, C32-368, V99-236 con un promedio de 1138,42LtEt/Ha y un tercer grupo conformado por las variedades más deficientes V91-8, B80-408, V00-50 y la V99-190 con promedio de 603,82LtEt/Ha. Estos volúmenes de etanol obtenidos son aparentemente buenos para la zona climática del municipio Colon debido a los altos índices de precipitación que afectan la zona. Esta respuesta se asemeja a los resultados indicados por Alvarado y El Ayoubi (2007) para esta misma variable con diferentes variedades, donde obtuvieron mayores volúmenes de etanol. Del mismo modo los datos arrojados fueron inferiores comparados con el ensayo en fase plantilla realizado por López y Márquez (2009) donde los mejores resultados obtenidos para esta variable fueron V99-236 y V99-217 con un promedio de 2.908,9 LtEt/Ha.

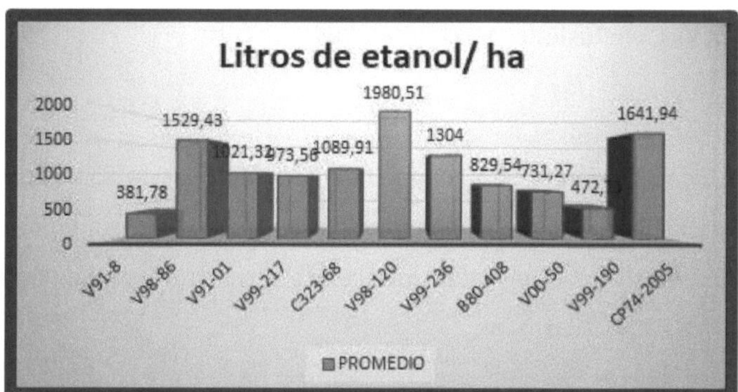

Figura 9. Litros de etanol por hectárea en once cultivares de caña de azúcar (*Saccharum* spp. híbrido) durante un ciclo de producción en la Hacienda La Glorieta, UNESUR, Santa Bárbara de Zulia, Venezuela.

En términos de producción en calidad, cantidad y pureza del etanol en el municipio Colón se deben sembrar los cultivares V91-8, V99-236 y CP74-2005, ya que ofrecen los mejores resultados en este estudio. Por otra parte, si se pretende establecer ensayos de producción vegetal, se deben disponer de herramientas tecnológicas que contribuyan a disminuir el efecto de las condiciones climatológicas y permitan el buen desarrollo de los cultivos de caña de azúcar. Para posteriores estudios, se hace necesario ampliar el número de repeticiones con el propósito de obtener resultados más precisos en cuanto a la producción y calidad del etanol obtenido a partir de la caña de azúcar.

CAPITULO V. Conclusiones y recomendaciones

Conclusiones

- El Índice de Maduración, en la mayoría de las variedades fueron afectadas por las altas precipitaciones de la zona, retardando la madurez, sin embargo a los 360 días la mitad del ensayó (2 variedades) presentaron niveles óptimos de madures (V91-8, V91-01).

- Las toneladas de caña por hectárea los valores óptimos lo expresaron las variedades V91-8, V98-120, V99-190 en un promedio de 73,04 TCH.

- Para el rendimiento en % de Pol se obtuvieron excelentes valores, para una zona de altas precipitaciones, donde la variedad que mejor respondió fue la: CP74-2005 con un promedio de 54,6%.

- Las variedades de caña de azúcar que manifestaron los mejores resultados las conformaron: V91-8,V98-120, V99-190 con un promedio de 10,18 TAH

- Los resultados del volumen de producción en litros de etanol por hectárea las mejores las variedades fueron V98-86, V98-120, CP74-2005 indicando un promedio aceptable de 1717,19LtEt/Ha para la zona.

- Las variedades más eficientes en litros de etanol por tonelada de caña se pueden mencionar la V98-120 (6,43LtEt/TC) B80-408 (6,17LtEt/TC) y la CP72-2005 (6,23LtE/TC).

Recomendaciones

- Para efecto de producción en cuanto a calidad y pureza del etanol en el municipio Colon se deben sembrar los cultivares V91-8 (15,85%) V99-236 (15,68%) CP74-2005 (54,6 %) ya que ofrecen las mejores concentraciones en este ensayo.

- Para establecer ensayos de producción vegetal, se debe disponer de herramientas tecnológicas que contribuyan a disminuir el efecto de las condiciones climatológicas y permitan el buen desarrollo de los estudios a realizar.

- Para darle continuidad al proyecto se hace necesario ampliar el número de repeticiones con el propósito de obtener resultados más precisos en cuanto al estudio de producción de etanol y su calidad.

Referencias

Aguilar Rivera, N. (2007). Bioetanol de la caña de azúcar. Avances en Investigación Agropecuaria. 11, (3): 25-39. Disponible en: https://www.redalyc.org/pdf/837/83711303.pdf

Aguilar Rivera N.; Galindo Mendoza, G.; Fortanelli Martínez, J. (2012). Evaluación agroindustrial del cultivo de caña de azúcar (*Saccharum officinarum* L.) mediante imágenes SPOT 5 HRV en la Huasteca México. Revista de la Facultad de Agronomía, La Plata. 111 (2): 64-74.

Alvarado Ludeña, G. R.; Amaya Pinos, J. B. (2021). Obtención de bioetanol a partir del bagazo de la caña de azúcar mediante hidrólisis enzimática. [Trabajo de grado]. Universidad Politécnica Salesiana. Cuenca, Ecuador. 200 p. Disponible en: http://dspace.ups.edu.ec/handle/123456789/21229

Alvarado, J.; El Ayoubi, B. (2007). Etanol: Alternativa para obtener combustible a partir de trece variedades de caña de azúcar (*Sacharum* spp. híbrido) en Fase Soca II. [Trabajo de grado]. Universidad Nacional Experimental Sur del Lago "Jesús María Semprum". Ingeniería de Producción Animal. Santa Bárbara de Zulia, estado Zulia. 98 p.

Alvira, P., Tomás-Pejó, E., Ballesteros, M., Negro, M. J. (2010). Pretreatment technologies for an efficient bioethanol production process based on enzymatic hydrolysis: A review. Bioresource Technology. 101(13), 4851-4861. https://doi.org/10.1016/j.biortech.2009.11.093

Amaya, F.L.; Hernández, E.Y.; Carrillo, P.; Lindarte, O.; Bonilla, N. (2003). Caracterización del sistema productivo caña de azúcar en el Valle San Antonio-Ureña, estado Táchira, Venezuela. Caña de azúcar. 21 (1): 17-39. Disponible en: http://sian.inia.gob.ve/canadeazucar/cana2101/arti/amaya_l.htm

Aro, E. M. (2016). From first generation biofuels to advanced solar biofuels.

Ambio. 45 (S-1): 24-31. Disponible en: https://doi.org/10.1007/s13280-015-0730-0

Bracho Morán, N.J.; Labrador Ramírez, J.R. (2012). Evaluación del rendimiento de etanol en 11 cultivares de caña de azúcar (*Saccharum* spp híbrido) en un ciclo de producción. [Trabajo especial de grado]. Universidad Nacional Experimental del Táchira. Vicerrectorado Académico. Decanato de Postgrado. 100 p.

Bull, A. (1969). Eficiencia de la fotosíntesis y la respiración en el ciclo de Calvin y ácido carboxílico C4 de las plantas. Crop. Sci. 9. 726-729.

Castaño, P. y Mejia, G. (2008) Revista de la Facultad de Química Farmacéutica volumen 15 numero 2, pág. 251-258 Universidad de Antioquia Medellín. Colombia.

Castro Martínez, C.; Beltrán Arredondo, L.l.; Ortíz Ojeda, J.C. (2012). Producción de Biodisel o Bioetanol ¿Una alternativa sustentable a la crisis energética? Ra Simhai Revista de Sociedad, Cultura y Desarrollo Sustentable. 8 (3): 93-100. Disponible en: chrome-extension://efaidnbmnnnibpcajpcglclefindmkaj/https://uaim.edu.mx/webraximhai/Ej-25barticulosPDF/9%20CASTRO-MARTINEZ.pdf

Cock, J. H.; Luna, C. A. y Palma, a. (1983). El clima y el rendimiento en caña de azúcar. Centro de Investigaciones de la Caña de Azúcar de Colombia (Cenicaña). Serie técnica Nº 12.

D'Hont A.; Ison, D.; Alix, K. ; Roux, C. ; Glaszmann, J.C. 1998. Determination of basic chromosome numbers in the genus *Saccharum* by physical mapping of ribosomal RNA genes. Genome. 41: 221-225.

Díaz, E; Garrido, A y Anzola, H (2003). Instituto Nacional De Investigaciones Agrícolas (INIA). Evaluación de 9 variedades de caña de azúcar. Ensayo regional de variedades. Central Azucarero Río Turbio (Lara). X Reunión Nacional de variedades de caña de azúcar. ATAVE, FUNDACAÑA.

Guanare, Venezuela. 45-46 pp.

Domínguez, P. S. (1990). Comportamiento del sistema radical de tres variedades de caña de azúcar *Saccharum* spp. en tres suelos representativos del Valle del Cauca. Tesis de Magíster. Facultad de Ciencias Agrícolas, Universidad Nacional de Colombia. Palmira.

Ferraro, D. (2008). Evaluación Energética de la producción de Etanol en base a grano de Maíz. Disponible en: www.scielo.org.ar/scielo.php?pid.

German Agency for Technical Cooperation (NU. CEPAL). (2008). Biocombustibles líquidos para transporte en América Latina y el Caribe. CEPAL. 187 p. Disponible en: https://www.cepal.org/es/publicaciones/3638-biocombustibles-liquidos-transporte-america-latina-caribe

Gómez, F. (1975). Caña de Azúcar. Edición UPAVE. Centrales Azucareros, C.A. Caracas, Venezuela. 170 p.

Gravois, A. y Milligan, B. (1992). Relación genética entre la fibra y sacarosa como componentes del rendimiento.Crep. Sci. 32: 62-67.

Grutter, M. 1986. Importancia de la Contaminación Atmosférica. Universidad Nacional Autónoma de México. Faculta de Ciencias. Distrito Federal. México.

Hernández, N. (2007) Presentación Realizada Ante la Academia Nacional de Ingeniería y Hábitat. Consultado 05/08/2009 Disponible en la página: www.slideshare.net/energia/etanol.

Hinman, N. (1992). Biomass: An ideal Feedstock for Ethanol Production. Vl 28. California Western Law Review. United State of America.

Humbert, P. (1978). El cultivo de la caña de azúcar. México: Compañía Editorial Continental. 719 pp.

Labrador Ramírez J. R., Razz Garcia, R. C., Bracho Bravo, B. Y., Contreras Rubio, Q. L. (2020). Producción de etanol en 10 cultivares de caña de azúcar

(*Saccharum* spp hibrido) en un ciclo productivo. Revista De La Facultad De Agronomía De La Universidad Del Zulia. 36 (2), 111-134. Disponible en: https://produccioncientificaluz.org/index.php/agronomia/article/view/31198

Labrador, J. (2004). Introducción y Evaluación de 13 variedades de Caña de Azúcar (Saccharum spp) con fines azucareros forrajeros y paneleros en fase de plantilla (campo experimental de UNESUR) Municipio Colon, zona Sur del Lago de Maracaibo, Estado, Zulia. Universidad Nacional Experimental Sur del Lago, Dirección Académica. (Trabajo De Ascenso), Venezuela.

Labrador, J.; Hernández, E.; Amaya F. (2008). Evaluación de 13 variedades de *Saccharum* spp. híbrido con fines azucareros, paneleros y forrajeros en fase de plantilla. Municipio Colón, Estado Zulia - Venezuela. ProducciónAgropecuaria. 1 (1): 7 -14.

Labrador, J.; Mora, D.; Alcántara, L.; Paz, F.; Hernández, E.; Contreras, J.; Álvarez, R. (2016). Producción de panela en bloque en once cultivares de caña de azúcar (*Saccharum* spp. híbrido) en fase plantilla, municipio Colón. Producción Agropecuaria. 5 (1): 3-7.

Laguna Garvett, M. (2011). Objetivos de sostenibilidad agrícola referida a la tendencia en los patrones de producir etanol a partir del maíz y de la caña de azúcar en Venezuela como materia prima. [Trabajo especial de grado]. Universidad Central Lisandro Alvarado. Postgrado de Gerencia Agraria, Barquisimeto, Venezuela. 246 p. Disponible en: chrome-extension://efaidnbmnnnibpcajpcglclefindmkaj/http://bibadm.ucla.edu.ve/edocs_baducla/Repositorio/P1221.pdf

Marcano, M.; García, M.; Caraballo, L. (2003). Prueba comparativa de variedades de caña de azúcar en el noreste del estado Monagas, Venezuela. Bioagro. 15 (3): 221-225. Recuperado en: 04 de julio de 2024, de http://ve.scielo.org/scielo.php?script=sci_arttext&pid=S1316-

33612003000300010&lng=es&tlng=es.

Meléndez, J. R. (2022). Biotecnología y gerencia aplicada en la producción de bioetanol 1G y 2G. Revista de Ciencias Sociales. XXVIII (4): 415-429.

Meléndez, J. R., Mátyás, B., Hena, S., Lowy, D. A., y El Salous, A. (2022). Perspectives in the production of bioethanol: A review of sustainable methods, technologies, and bioprocesses. Renewable and Sustainable Energy Reviews. 160: 112260. https://doi.org/10.1016/j.rser.2022.112260

Meléndez, J. R., Velasquez-Rivera, J., El Salous, A., y Peñalver, A. (2021). Gestión para la Producción de biocombustibles 2G: Revisión del escenario tecnológico y económico. Revista Venezolana de Gerencia. 26 (93): 78-91. https://doi. org/10.52080/rvg93.07

Ministerio de Agricultura y Cría. (1998). Manual de Cultivos. Caracas, Venezuela.

Monsalve, G. y Otros (2006) Revista Dyna noviembre 2006; año 73 Pág. 23 - 27. Consultado 03/07/2009 Disponible en la página: http://europa.sim.ucm.es/compludoc/AA?articuloId=592573&donde=castellano&zfr=0

Poy, M. (1998). ¿Representa el etanol una alternativa viable para la agroindustria de la caña de azúcar? Rev. Ingenio. Consultado 20/06/2009 Disponible: http://www.sca.com.co/bajar/Etanol/Mexico/ingenio03.pdf

Reyes Hernández, J.; Torres de los Santos, R.; Hernández Torres, H.; Hernández Robledo E.; Alvarado Ramírez, E.; Joaquín Cancino, S. (2022). Rendimiento y calidad de siete variedades de caña de azúcar en El Mante, Tamaulipas. Revista Mexicana De Ciencias Agrícolas. 13 (5): 883-892. Disponible en: https://doi.org/10.29312/remexca.v13i5.3232.

Sabino, C. (1992). El Proceso de Investigación. Editorial Panamericana, Bogotá, Colombia. 163 p. Disponible en: chrome-extension://efaidnbmnnnibpcajpcglclefindmkaj/https://www.perio.unlp.edu

.ar/tif/wp-content/uploads/2021/04/CarlosSabino-ElProcesoDeInvestigacion_0.pdf

Sabino, C.A. (2002). ¿Cómo hacer una tesis? y elaborar todo tipo de escritos. Editorial Panapo, Caracas, Venezuela. 141 p.

Sanhueza, E. (2009). Agroetanol ¿un combustible ambientalmente amigable? Interciencia. 34 (2): 106-112. [citado 2024 Jul 08]. Disponible en: http://ve.scielo.org/scielo.php?script=sci_arttext&pid=S0378-18442009000200007&lng=es.

Tecnicaña (1986). El cultivo de la caña de azúcar. Editor Carlos Buenaventura. Cali, Colombia: Editorial XYX. 473 pp.

Uzcátegui, C. (1985). Mejoramiento genético de la caña de azúcar en Venezuela. (1962-1982). II selección de variedades introducidas. Revista caña de azúcar INIA. Maracay. Venezuela.

Valecillos, E. (2002). Evaluación de 10 variedades de caña de azúcar. Segundo Ensayo regional de variedades. Central Azucarero Venezuela. X Reunión Nacional de variedades de caña de azúcar. ATAVE, FUNDACAÑA. Guanare, Venezuela. 66-67 p.

Apéndices

Figura 10. Distribución de los 11 cultivares de caña de azúcar en campo

Drenaje

BLOQUE I

T1	T2	T3	T4	T5	T6	T7	T8	T9	T10	T11
V91 -8	V98 -86	V91 -01	V99 -217	C323 -68	V98 -120	V99 -236	B80 -408	V00 -50	V99 -190	CP74 -2005

BLOQUE II

T22	T21	T20	T19	T18	T17	T16	T15	T14	T13	T12
CP74 -2005	V98 -120	V00 -50	V99 -190	V99 -236	C323 -68	B80 -408	V91 -01	V91 -8	V99 -217	V98 -86

BLOQUE III

T23	T24	T25	T26	T27	T28	T29	T30	T31	T32	T33
V99 -36	B80 -408	V99 -17	V98 -86	CP74 -2005	V91 -8	V98 -120	V99 -190	C323 -68	V91 -01	V00 -50

Carretera interna

Figura 11. Valores promedios de °Brix en campo

Nº	Cultivares	Días de la Plantación					Promedio	Estado de maduración del cultivo
		280	300	320	340	360		
		I	II	III	IV	V		
1	V91-8	0,9	1,0	1,0	0,9	1,0	0,9	Madura
2	V98-86	0,9	0,9	0,9	0,9	0,8	0,9	Madura
3	V91-01	0,9	0,8	0,8	0,9	0,9	0,9	Madura
4	V99-217	0,9	1,2	0,9	0,9	0,8	1,0	Madura
5	C32-368	0,8	0,8	0,9	0,9	0,9	0,9	Madura
6	V98-120	0,8	0,8	0,9	0,9	1,0	0,9	Madura
7	V99-236	0,8	0,8	0,8	0,8	0,9	0,8	Inmadura
8	B80-408	0,7	0,6	0,7	0,8	0,7	0,7	Inmadura
9	V00-50	0,8	0,7	0,9	0,8	0,8	0,8	Inmadura
10	V99-190	0,9	0,7	0,7	0,9	0,8	0,8	Inmadura
11	CP74-2005	0,9	0,9	0,9	0,9	0,9	0,9	Madura

INIA - YARACUY
Laboratorio Suelo - Agua - Planta
Resultados de Análisis de Tallos de Caña de Azucar

JM INFORME 24 **FECHA:**02/07/2010**UBICACION:** CAMPO EXPERIMENTAL UNESUR, SANTA BARBARA DEL ZULIA

ISAYO: IREYARUSUE-10-0002 PRODUCCION DE ETANOL A PARTIR DE 11 VARIEDA **RESPONSABLE** JOSE LABRADOR/EDITH

ARCELAS 33 **GRUPO:** **CICLO:** **ESTADO:**Zulia **MUNICIPIO** JESUS MARIA SA

o rcela	Peso Bagazo	Peso Seco	Peso Tallo (kg)	Brix Corregido (º)	Peso Jugo (g)	Pol (%) Jugo	Fibra Bagazo (%)	Fibra Caña (%)	Pol % Caña	Pureza (%)
1	297	25,6	5,7	17,9	703	14,98	43,80	13,01	12,37	83,69
2	306	25,8	7,8	19,8	694	16,93	43,43	13,29	13,89	85,51
3	347	28,6	4,2	17,5	653	15,01	51,81	17,98	11,41	85,92
4	333	25,2	5,7	13,7	667	10,11	45,18	15,04	8,03	73,96
5	347	27,6	4,5	16,3	653	13,60	49,87	17,30	10,43	83,59
6	379	28,4	6,2	18,0	621	15,45	51,48	19,51	11,33	85,83
7	349	32,8	5,8	17,8	651	15,29	61,94	21,62	11,05	86,04
8	295	27,5	6,2	16,5	705	13,34	49,04	14,47	10,83	81,00
9	334	28,8	5,6	17,0	666	14,34	52,35	17,48	11,03	84,50
10	364	27,0	5,8	15,3	636	12,60	48,99	17,83	9,52	82,51
11	332	25,3	5,5	17,4	668	14,94	43,70	14,51	11,95	86,01
12	329	24,3	6,7	17,9	671	14,93	40,98	13,48	12,11	83,41
13	327	27,2	7,1	15,4	673	12,57	49,09	16,05	9,88	81,78
14	300	25,2	4,4	17,4	700	14,26	43,13	12,94	11,77	82,10
15	369	25,4	4,6	16,7	631	14,20	44,65	16,48	10,89	85,18
16	340	28,9	4,9	16,3	660	13,22	52,90	17,99	10,08	81,25
17	356	27,1	5,6	17,9	644	15,66	48,10	17,12	11,99	87,49
18	315	23,2	4,8	17,3	685	14,87	38,50	12,13	12,33	86,10
19	382	27,0	3,9	16,2	618	13,75	48,81	18,65	10,18	85,03
20	346	29,7	5,0	15,6	654	12,65	55,10	19,06	9,48	81,25
21	395	29,2	5,4	17,7	605	15,23	53,71	21,22	10,81	86,19
22	337	26,0	4,9	19,3	663	17,06	44,55	15,01	13,53	88,39
23	343	24,3	4,9	18,0	657	15,61	41,08	14,09	12,49	86,72
24	300	24,5	5,6	16,7	700	13,48	41,80	12,54	11,18	80,86
25	312	25,5	3,3	15,5	688	12,08	44,89	14,01	9,80	78,09
26	311	24,7	7,6	19,1	689	16,20	41,12	12,79	13,35	84,82
27	352	22,4	4,5	18,1	648	15,97	36,49	12,84	12,93	88,23
28	275	24,5	4,5	16,9	725	13,52	41,44	11,40	11,47	80,14
29	364	23,5	4,2	14,9	636	12,14	40,92	14,89	9,53	81,64
30	385	28,0	3,2	15,0	615	12,43	51,64	19,88	9,04	83,03
31	344	28,4	5,2	18,4	656	15,82	50,94	17,52	12,11	85,98
32	368	28,6	4,1	17,9	632	15,64	51,88	19,09	11,60	87,37

Fecha: 16/03/2010

Page 1 of 2

INIA - YARACUY

Laboratorio Suelo - Agua - Planta

Resultados de Análisis de Tallos de Caña de Azucar

M INFORME 24 **FECHA:**02/07/2010**UBICACION:** CAMPO EXPERIMENTAL UNESUR, SANTA BARBARA DEL ZULIA

SAYO: IREYARUSUE-10-0002 PRODUCCION DE ETANOL A PARTIR DE 11 VARIEDA **RESPONSABLE:** JOSE LABRADOR/EDITH

RCELAS 33 **GRUPO:** **CICLO:** **ESTADO:**Zulia **MUNICIPIO** JESUS MARIA SA

o rcela	Peso Bagazo	Peso Seco	Peso Tallo (kg)	Brix Corregido (º)	Peso Jugo (g)	Pol (%) Jugo	Fibra Bagazo (%)	Fibra Caña (%)	Pol % Caña	Pureza (%)
33	314	28,2	6,2	13,4	686	10,47	52,09	16,36	8,24	78,31

Fecha: 16/03/2010

Tabla 3. Pesaje de la caña en Kg/parcela

		REPETICIONES				
No	TRATAMIENTO	I	II	III	TOTAL	PROMEDIO
1	V91-8	424	310	170	904	301,33
2	V98-86	181	60	115	356	118,66
3	V91-01	170	238	234	642	214
4	V99-217	239	298	250	787	262,33
5	C323-68	262	100	145	507	169
6	V98-120	308	451	290	1049	349,66
7	V99-236	149	220	215	584	194,6
8	B80-408	280	225	146	651	217
9	V00-50	385	257	247	889	296,3
10	V99-190	488	340	180	1008	336
11	CP74-2005	248	183	120	551	183,6

Tabla 4. Toneladas de caña por hectárea (TCH)

		REPETICIONES				
No	TRATAMIENTO	I	II	III	TOTAL	PROMEDIO
1	V91-8	94,13	68,82	37,74	200,69	66,9
2	V98-86	40,18	13,32	25,53	79,03	26,34
3	V91-01	37,74	52,83	51,94	142,51	47,5
4	V99-217	53,05	66,15	55,5	174,7	58,23
5	C323-68	58,16	22,2	32,19	112,55	37,51
6	V98-120	68,38	100,12	64,38	232,88	77,63
7	V99-236	33,07	48,84	47,73	129,64	43,21
8	B80-408	62,16	49,95	32,41	144,52	48,17
9	V00-50	85,47	57,05	54,83	197,35	65,78
10	V99-190	108,33	75,48	39,96	223,77	74,59
11	CP74-2005	55,06	40,63	26,64	122,33	40,78

Tabla 5. %Pol (Sacarosa)

		REPETICIONES				
No	TRATAMIENTO	I	II	III	TOTAL	PROMEDIO
1	V91-8	14,98	14,26	13,52	42,76	14,25
2	V98-86	16,93	14,93	16,2	48,06	16,02
3	V91-01	15,01	14,2	15,64	44,85	14,95
4	V99-217	10,11	12,57	12,08	34,76	11,59
5	C323-68	13,6	15,66	15,82	45,08	15,03
6	V98-120	15,45	15,23	12,14	42,82	14,27
7	V99-236	15,29	14,87	15,61	45,77	15,25
8	B80-408	13,34	13,22	13,48	40,04	13,35
9	V00-50	14,34	12,65	10,47	37,46	12,49
10	V99-190	12,6	13,75	12,43	38,78	12,93
11	CP74-2005	14,94	17,06	15,97	47,97	15,99

Tabla 6. Toneladas de azúcar por hectárea (TAH)

		REPETICIONES				
No	TRATAMIENTO	I	II	III	TOTAL	PROMEDIO
1	V91-8	14,1	9,81	5,1	29,01	9,67
2	V98-86	6,8	1,99	4,13	12,92	4,31
3	V91-01	5,66	7,5	8,12	21,28	7,09
4	V99-217	5,36	8,31	6,7	20,37	6,79
5	C323-68	7,9	3,48	5,09	16,47	5,49
6	V98-120	10,56	15,24	7,82	33,62	11,21
7	V99-236	5,05	7,26	7,45	19,76	6,59
8	B80-408	8,29	6,6	4,37	19,26	6,42
9	V00-50	12,26	7,22	5,74	25,22	8,41
10	V99-190	13,65	10,38	4,96	28,99	9,66
11	CP74-2005	8,23	6,93	4,25	19,41	6,47

Tabla 7. Litros de etanol por hectárea Lt/Et/Ha.

		REPETICIONES				
No	TRATAMIENTO	I	II	III	TOTAL	PROMEDIO
1	V91-8	471,11	372	302,22	1145,33	381,78
2	V98-86	2477,66	699,99	1410,65	4588,3	1529,43
3	V91-01	1223,99	1189,99	649,99	3063,97	1021,32
4	V99-217	1104,7	927,1	888,88	2920,68	973,56
5	C323-68	2095,98	799,99	373,77	3269,64	1089,91
6	V98-120	1882,2	2946,5	1063,32	5441,52	1980,51
7	V99-236	1099,27	782,21	2030,54	3912,02	1304
8	B80-408	1088,89	659,99	739,73	2488,61	829,54
9	V00-50	988,16	656,77	548,88	2193,81	731,27
10	V99-190	455,46	498,66	464	1418,12	472,71
11	CP74-2005	1917,85	1951,98	1055,99	4925,82	1641,94

Tabla 8. Eficiencia de litros de etanol/Tn/Caña

		REPETICIONES				
No	TRATAMIENTO	I	II	III	TOTAL	PROMEDIO
1	V91-8	5	5,92	8,01	18,93	6,31
2	V98-86	61,66	52,55	52,25	166,46	55,48
3	V91-01	32,43	22,53	12,51	67,47	22,49
4	V99-217	20,82	14,02	16,02	50,86	16,95
5	C323-68	36,04	36,04	11,61	83,69	27,9
6	V98-120	27,53	29,43	16,52	73,48	24,49
7	V99-236	33,24	16,02	42,54	91,8	30,6
8	B80-408	17,52	13,21	22,82	53,22	17,85
9	V00-50	11,56	11,51	10,01	33,08	11,03
10	V99-190	4,21	6,62	11,62	22,45	7,48
11	CP74-2005	34,83	48,04	39,64	122,51	40,84

Tabla 9. Concentración %

		REPETICIONES				
No	TRATAMIENTO	I	II	III	TOTAL	PROMEDIO
1	V91-8	32,6	31	34,8	98,4	32,8
2	V98-86	34,6	34,2	35,8	104,6	34,87
3	V91-01	50,6	39,8	40,4	130,8	43,6
4	V99-217	14,4	11,8	12,6	38,8	12,93
5	C323-68	50,2	39,2	38,8	128,2	42,73
6	V98-120	32,2	34,4	40,6	107,2	35,73
7	V99-236	52,2	38,6	36,6	127,4	42,47
8	B80-408	14,6	19,2	20,2	54	18
9	V00-50	13	16,6	17	46,6	15,53
10	V99-190	16,6	20,2	25,4	62,2	20,73
11	CP74-2005	54,6	54,4	54,8	163,8	54,6

Brixometría en campo

Cultivar de caña de azúcar

Corte de la Caña

Pesaje de la Caña

Extracción del Jugo

Medio de Cultivo

Muestras a Fermentar

Proceso de Destilación

Resultados del análisis estadístico Anova pruebas de media Tukey

- **TCH:**

Sistema SAS 10:48 Friday, January 22, 2012 6

Obs	trat	bloq	**Rend (TCH)**
1	1	1	94.13
2	2	1	48.18
3	3	1	37.74
4	4	1	53.05
5	5	1	58.16
6	6	1	68.38
7	7	1	33.07
8	8	1	62.16
9	9	1	85.47
10	10	1	108.33
11	11	1	55.06
12	1	2	68.82
13	2	2	13.32
14	3	2	52.83
15	4	2	66.15
16	5	2	22.20
17	6	2	100.12
18	7	2	48.84
19	8	2	49.95
20	9	2	57.05
21	10	2	75.48
22	11	2	40.63
23	1	3	37.74
24	2	3	25.53
25	3	3	51.94
26	4	3	55.50
27	5	3	32.19
28	6	3	64.38
29	7	3	47.73
30	8	3	32.41
31	9	3	54.83
32	10	3	39.96
33	11	3	26.64

Sistema SAS 10:48 Friday, January 22, 2012 7

Procedimiento GLM

Información del nivel de clase

Clase	Niveles	Valores
trat	11	1 2 3 4 5 6 7 8 9 10 11
bloq	3	1 2 3

Número de observaciones 33

Litros etanol

Sistema SAS 12:22 Friday, January 22, 2012 1

Obs	trat	bloq	**Etanol**
1	1	1	471.11
2	2	1	2477.66
3	3	1	1223.99
4	4	1	1104.70
5	5	1	2095.98
6	6	1	1882.20
7	7	1	1099.27
8	8	1	1088.89
9	9	1	988.16
10	10	1	455.46
11	11	1	1917.85
12	1	2	372.00
13	2	2	699.99
14	3	2	1189.99
15	4	2	927.10
16	5	2	799.99
17	6	2	2946.50
18	7	2	782.21
19	8	2	659.99
20	9	2	656.77
21	10	2	498.66
22	11	2	1951.98
23	1	3	302.22
24	2	3	1410.65

25	3	3	649.99
26	4	3	888.88
27	5	3	373.77
28	6	3	1063.32
29	7	3	2030.54
30	8	3	739.73
31	9	3	548.88
32	10	3	464.00
33	11	3	1055.9

Sistema SAS 12:22 Friday, January 22, 2012 2

Procedimiento GLM

Información del nivel de clase

Clase	Niveles	Valores
trat	11	1 2 3 4 5 6 7 8 9 10 11
bloq	3	1 2 3

Número de observaciones 33

Sistema SAS 12:22 Friday, January 22, 2012 3

Procedimiento GLM

Variable dependiente: **Etanol**

Fuente	DF	Suma de cuadrados	Cuadrado de la media	F-Valor	Pr > F
Modelo	12	8507932.33	708994.36	2.57	0.0299
Error	20	5515383.14	275769.16		
Total correcto	32	14023315.48			

R-cuadrado	Coef Var	Raiz MSE	etanol Media
0.606699	48.38161	525.1373	1085.407

Fuente	DF	Tipo I SS	Cuadrado de la media	F-Valor	Pr > F
trat	10	7213884.944	721388.494	2.62	**0.0322**
bloq	2	1294047.390	647023.695	2.35	0.1215

Fuente	DF	Tipo III SS	Cuadrado de la media	F-Valor	Pr > F
trat	10	7213884.944	721388.494	2.62	0.0322
bloq	2	1294047.390	647023.695	2.35	0.1215

Printed by Books on Demand GmbH, Norderstedt / Germany